AS TRÊS ECOLOGIAS

FÉLIX GUATTARI

tradução
Maria Cristina F. Bittencourt

revisão da tradução
Suely Rolnik

AS TRÊS ECOLOGIAS

Título original em francês: *Les trois écologies*
© Éditions Galilée, 1989

Tradução | Maria Cristina F. Bittencourt
Revisão da tradução | Suely Rolnik
Capa | Francis Rodrigues
Copidesque | Niuza M. Gonçalves
Revisão | Josiane Pio Romera, Regina Maria Seco e Vera Luciana Morandim

---

Dados Internacionais de Catalogação na Publicação (CIP)
(Câmara Brasileira do Livro, SP, Brasil)

Guattari, Félix
　　As três ecologias/Félix Guattari; tradução Maria Cristina F. Bittencourt; revisão da tradução Suely Rolnik. – 21ª ed. – Campinas, SP: Papirus, 2012.

Título original: Les trois écologies.
ISBN 978-85-308-0106-9

1. Ecologia 2. Ecologia – Aspectos sociais 3. Ecologia humana 4. Educação ambiental I. Título.

12-00362　　　　　　　　　　　　　　　　　　CDD-304.2

Índice para catálogo sistemático:
1. Ecologia: Aspectos sociais: Sociologia　　　304.2

21ª Edição – 2012
14ª Reimpressão – 2025

Exceto no caso de citações, a grafia deste livro está atualizada segundo o Acordo Ortográfico da Língua Portuguesa adotado no Brasil a partir de 2009.

Proibida a reprodução total ou parcial da obra de acordo com a lei 9.610/98.
Editora afiliada à Associação Brasileira dos Direitos Reprográficos (ABDR).

DIREITOS RESERVADOS PARA A LÍNGUA PORTUGUESA:
© M.R. Cornacchia Editora Ltda. – Papirus Editora
R. Barata Ribeiro, 79, sala 316 – CEP 13023-030 – Vila Itapura
Fone: (19) 3790-1300 – Campinas – São Paulo – Brasil
E-mail: editora@papirus.com.br – www.papirus.com.br

a Sacha Goldman

> *Existe uma ecologia das ideias danosas, assim como existe uma ecologia das ervas daninhas.*
>
> Gregory Bateson[1]

O planeta Terra vive um período de intensas transformações técnico-científicas, em contrapartida das quais engendram-se fenômenos de desequilíbrios ecológicos que, se não forem remediados, no limite, ameaçam a vida em sua superfície. Paralelamente a tais perturbações, os modos de vida humanos individuais e coletivos evoluem no sentido de uma progressiva deterioração. As redes de parentesco tendem a se reduzir ao mínimo, a vida doméstica vem sendo gangrenada pelo consumo da mídia, a vida conjugal e familiar se encontra frequentemente "ossifica-

---

1. *Vers l'écologie de l'esprit*, tomo II. Paris, Seuil, 1980.

da" por uma espécie de padronização dos comportamentos, as relações de vizinhança estão geralmente reduzidas a sua mais pobre expressão...

É a relação da subjetividade com sua exterioridade – seja ela social, animal, vegetal, cósmica – que se encontra assim comprometida numa espécie de movimento geral de implosão e infantilização regressiva. A alteridade tende a perder toda a aspereza. O turismo, por exemplo, se resume quase sempre a uma viagem sem sair do lugar, no seio das mesmas redundâncias de imagens e de comportamento.

As formações políticas e as instâncias executivas parecem totalmente incapazes de apreender essa problemática no conjunto de suas implicações. Apesar de estarem começando a tomar uma consciência parcial dos perigos mais evidentes que ameaçam o meio ambiente natural de nossas sociedades, elas geralmente se contentam em abordar o campo dos danos industriais e, ainda assim, unicamente numa perspectiva tecnocrática, ao passo que só uma articulação ético-política – a que chamo *ecosofia* – entre os três registros ecológicos (o do meio ambiente, o das relações sociais e o da subjetividade humana) é que poderia esclarecer convenientemente tais questões.

O que está em questão é a maneira de viver daqui em diante sobre este planeta, no contexto da aceleração das mutações técnico-científicas e do considerável crescimento demográfico. Em função do contínuo desenvolvimento do trabalho maquínico redobrado pela revolução informática, as forças produtivas vão tornar disponível uma quantidade cada vez maior do tempo de atividade humana potencial.[2] Mas com que finalidade? A do desemprego, da marginalidade opressiva, da solidão, da ociosidade, da angústia, da neurose, ou a da cultura, da criação, da pesquisa, da reinvenção do meio ambiente, do enriquecimento dos modos de vida e de sensibilidade? No Terceiro Mundo, como no mundo desenvolvido, são blocos inteiros da subjetividade coletiva que se afundam ou se encarquilham em arcaísmos, como é o caso, por exemplo, da assustadora exacerbação dos fenômenos de integrismo religioso.

Não haverá verdadeira resposta à crise ecológica a não ser em escala planetária e com a condição de que se opere uma autêntica revolução política, social e cultural reorientando os objetivos da produção de bens materiais e imateriais. Essa revolução deverá concernir, portanto, não só às relações de forças visíveis em grande escala, mas também aos domínios moleculares de sensibilidade, de inteligência e de desejo. Uma finalidade do trabalho social regulada de maneira unívoca por uma economia de lucro e por relações de poder só pode, no momento, levar a dramáticos impasses – o que fica manifesto no absurdo das tutelas econômicas que pesam sobre o Terceiro Mundo e conduzem algumas de suas regiões a uma pauperização absoluta e irreversível; fica igualmente evidente em países como a França, onde a proliferação de centrais nucleares faz pesar o risco das possíveis consequências de acidentes

---

2. Nas fábricas Fiat, por exemplo, a mão de obra assalariada passou de 140 mil para 60 mil operários numa década, enquanto a produtividade aumentava em 75%.

do tipo Chernobyl sobre uma grande parte da Europa. Sem falar do caráter quase delirante da estocagem de milhares de ogivas nucleares que, à menor falha técnica ou humana, poderiam mecanicamente conduzir a um extermínio coletivo. Através de cada um desses exemplos, encontra-se o mesmo questionamento dos modos dominantes de valorização das atividades humanas, a saber:

1. o do império de um mercado mundial que lamina os sistemas particulares de valor, que coloca num mesmo plano de equivalência os bens materiais, os bens culturais, as áreas naturais etc.;
2. o que coloca o conjunto das relações sociais e das relações internacionais sob a direção das máquinas policiais e militares.

Os Estados, entre essas duas pinças, veem seu tradicional papel de mediação reduzir-se cada vez mais e se colocam, na maioria das vezes, a serviço conjugado das instâncias do mercado mundial e dos complexos militar-industriais.

Essa situação é ainda mais paradoxal quando vemos que estão chegando ao fim os tempos em que o mundo encontrava-se sob a égide do antagonismo Leste-Oeste, projeção amplamente imaginária da oposição classe operária/burguesia no seio dos países capitalistas. Será que isso quer dizer que as novas problemáticas multipolares das três ecologias virão pura e simplesmente substituir as antigas lutas de classe e seus mitos de referência? Certamente tal substituição não será tão mecânica assim! Entretanto, parece provável que essas problemáticas, que correspondem a uma complexificação extrema dos contextos sociais, econômicos e internacionais, tenderão a se deslocar cada vez mais para o primeiro plano.

Os antagonismos de classe herdados do século XIX contribuíram inicialmente para forjar campos homogêneos bipolarizados de subjetividade. Mais tarde, durante a segunda metade do século XX, através da sociedade de consumo, do *welfare*, da mídia, a subjetividade operária linha-dura se desfez. Ainda que as segregações e as hierarquias jamais tenham sido tão intensamente vividas, uma mesma camada imaginária se encontra agora chapada sobre o conjunto das posições subjetivas. Um mesmo sentimento difuso de pertinência social descontraiu as antigas consciências de classe. (Deixo aqui de lado a constituição de polos subjetivos violentamente heterogêneos como os que surgem no mundo muçulmano.) Os países ditos socialistas, por sua vez, também introjetaram os sistemas de valor "unidimensionalizantes" do Ocidente. O antigo igualitarismo de fachada do mundo comunista dá lugar, assim, ao serialismo de mídia (mesmo ideal de *status*, mesmas modas, mesmo *rock* etc.).

No que concerne ao eixo Norte-Sul, dificilmente se pode imaginar que a situação melhore de maneira considerável. Certamente é concebível que a progressão das técnicas agroalimentares acabem por permitir a modificação dos dados teóricos do drama da fome no mundo. Mas na prática, enquanto isso, seria totalmente ilusório pensar que a ajuda internacional, da maneira como é hoje concebida e dispensada, resolva duradouramente qualquer problema que seja? A instauração a longo prazo de imensas zonas de miséria, fome e morte parece daqui em diante fazer parte integrante do monstruoso sistema de "estimulação" do Capitalismo Mundial Integrado (CMI). Em todo caso, é sobre tal instauração que repousa a implantação das Novas Potências Industriais, centros de hiperexploração tais como Hong Kong, Taiwan, Coreia do Sul etc.

No seio dos países desenvolvidos reencontramos esse mesmo princípio de tensão social e de "estimulação" pelo desespero, com a instauração de regiões crônicas de desemprego e da marginalização de uma parcela cada vez maior de populações de jovens, de pessoas idosas, de trabalhadores "assalariados", desvalorizados etc.

Assim, para onde quer que nos voltemos, reencontramos esse mesmo paradoxo lancinante: de um lado, o desenvolvimento contínuo de novos meios técnico-científicos potencialmente capazes de resolver as problemáticas ecológicas dominantes e determinar o reequilíbrio das atividades socialmente úteis sobre a superfície do planeta e, de outro lado, a incapacidade das forças sociais organizadas e das formações subjetivas constituídas de se apropriarem desses meios para torná-los operativos.

No entanto, podemos nos perguntar se essa fase paroxística de laminagem das subjetividades, dos bens e do meio ambiente não está sendo levada a entrar num período de declínio. Por toda parte surgem reivindicações de singularidade; os sinais mais evidentes a esse respeito residem na multiplicação das reivindicações nacionalitárias, ontem ainda marginais, que ocupam cada vez mais o primeiro plano das cenas políticas. (Ressaltemos, na Córsega e nos países bálticos, a conjunção das reivindicações ecológicas com as autonomistas.) No limite, esse acúmulo de questões nacionalitárias provavelmente levará a modificações profundas das relações Leste-Oeste e, em particular, da configuração da Europa, cujo centro de gravidade poderia derivar decisivamente em direção a um Leste neutro.

As oposições dualistas tradicionais que guiaram o pensamento social e as cartografias geopolíticas chegaram ao fim. Os conflitos permanecem, mas engajam sistemas multipolares incompatíveis com adesões a bandeiras ideológicas maniqueístas. Por exemplo, a oposição entre Terceiro Mundo e mundo desenvolvido explode por todo lado. Vimos isso com essas Novas Potenciais Industriais, cuja produtividade tornou-se incomparável à dos tradicionais bastiões industriais do Oeste, mas sendo esse fenômeno acompanhado de uma espécie de terceiro-mundização interna nos países desenvolvidos, reforçada ainda por cima por uma exacerbação das questões relativas à imigração e ao racismo. Não nos enganemos: a grande agitação em torno da unificação econômica da Comunidade Europeia em nada refreará essa terceiro-mundização de zonas consideráveis da Europa.

Um outro antagonismo transversal ao das lutas de classe continua a ser o das relações homem-mulher. Em escala global, a condição feminina está longe de ter melhorado. A exploração do trabalho feminino, correlativa à do trabalho das crianças, nada tem a invejar aos piores períodos do século XIX! E no entanto uma revolução subjetiva ascendente não parou de trabalhar a condição feminina durante estas duas últimas décadas. Ainda que a independência sexual das mulheres, relacionada com a disponibilidade dos meios de contracepção e aborto, tenha crescido de forma bastante irregular, ainda que o crescimento dos integrismos religiosos não cesse de gerar uma minoração de seu estado, alguns indícios levam a pensar que transformações de longa duração – no sentido de Fernand Braudel – estão de fato em curso (designação de mulheres para chefia de Estado, reivindicação de paridade homem-mulher nas instâncias representativas etc.).

A juventude, embora esmagada nas relações econômicas dominantes que lhe conferem um lugar cada vez mais precário, e mentalmente manipulada pela produção de subjetividade coletiva da mídia, nem por isso deixa de desenvolver suas próprias distâncias de singularização com relação à subjetividade normalizada. A esse respeito, o caráter transnacional da cultura *rock* é absolutamente significativo: ela desempenha o papel de uma espécie de culto iniciático que confere uma pseudoidentidade cultural a massas consideráveis de jovens, permitindo-lhes constituir um mínimo de Territórios existenciais.

É nesse contexto de ruptura, de descentramento, de multiplicação dos antagonismos e de processos de singularização que surgem as novas problemáticas ecológicas. Entendamo-nos bem: não pretendo de maneira alguma que essas novas problemáticas ecológicas tenham que "encabeçar" as outras linhas de fraturas moleculares, mas parece-me que elas evocam uma problematização que se torna transversal a essas outras linhas de fratura.

Se não se trata mais – como nos períodos anteriores de luta de classe ou de defesa da "pátria do socialismo" – de fazer funcionar uma ideologia de maneira unívoca, é concebível em compensação que a nova referência ecosófica indique linhas de recomposição das práxis humanas nos mais variados domínios. Em todas as escalas individuais e coletivas, naquilo que concerne tanto à vida cotidiana quanto à reinvenção da democracia – no registro do urbanismo, da criação artística, do esporte etc. –, trata-se, a cada vez, de se debruçar sobre o que poderiam ser os dispositivos de produção de subjetividade, indo no sentido de uma ressingularização individual e/ou coletiva, ao invés de ir no sentido de uma usinagem pela mídia, sinônimo de desolação e desespero. Perspectiva que não exclui totalmente a definição de objetivos unificadores tais como a luta contra a fome no mundo, o fim do desflorestamento ou da proliferação cega das indústrias nucleares. Só que não mais se trataria de palavras de ordem estereotipadas, reducionistas, expropriadoras de outras problemáticas mais singulares resultando na promoção de líderes carismáticos.

Uma mesma perspectiva ético-política atravessa as questões do racismo, do falocentrismo, dos desastres legados por um urbanismo que se queria moderno, de uma criação artística libertada do sistema de mercado, de uma pedagogia capaz de inventar seus mediadores sociais etc. Tal problemática, no fim das contas, é a da produção de existência humana em novos contextos históricos.

A ecosofia social consistirá, portanto, em desenvolver práticas específicas que tendam a modificar e a reinventar maneiras de ser no seio do casal, da família, do contexto urbano, do trabalho etc. Certamente seria inconcebível pretender retornar a fórmulas anteriores, correspondentes a períodos nos quais, ao mesmo tempo, a densidade demográfica era mais fraca e a densidade das relações sociais mais forte que hoje. A questão será literalmente reconstruir o conjunto das modalidades do ser-em-grupo. E não somente pelas intervenções "comunicacionais", mas também por mutações existenciais que dizem respeito à essência da subjetividade. Nesse domínio, não nos ateríamos às recomendações gerais, mas faríamos funcionar práticas efetivas de experimentação tanto nos níveis microssociais quanto em escalas institucionais maiores.

A ecosofia mental, por sua vez, será levada a reinventar a relação do sujeito com o corpo, com o fantasma,* com o tempo que passa, com os "mistérios" da vida e da morte. Ela será levada a procurar antídotos para a uniformização midiática e telemática, o conformismo das modas, as manipulações da opinião pela publicidade, pelas sondagens etc. Sua maneira de operar se aproximará mais daquela do artista do que a dos profissionais "psi", sempre assombrados por um ideal caduco de cientificidade.

Nada nesses domínios está sendo tratado em nome da história, em nome de determinismos infraestruturais! A possibilidade de uma implosão bárbara não está de jeito nenhum excluída. E se não houver tal retomada ecosófica (seja qual for o nome que se lhe dê), se não houver uma rearticulação dos três registros fundamentais da ecologia, podemos infelizmente pressagiar a escalada de

---

* O autor refere-se a "fantasma" inconsciente, no sentido psicanalítico. (N.R.)

todos os perigos: os do racismo, do fanatismo religioso, dos cismas nacionalitários caindo em fechamentos reacionários, os da exploração do trabalho das crianças, da opressão das mulheres...

Tentemos, agora, cercar mais de perto as implicações de uma perspectiva ecosófica desse tipo sobre a concepção da subjetividade. O sujeito não é evidente: não basta pensar para ser, como o proclamava Descartes, já que inúmeras outras maneiras de existir se instauram fora da consciência, ao passo que o sujeito advém no momento em que o pensamento se obstina em apreender a si mesmo e se põe a girar como um pião enlouquecido, sem enganchar em nada dos Territórios reais da existência, os quais por sua vez derivam uns em relação aos outros, como placas tectônicas sob a superfície dos continentes. Ao invés de sujeito, talvez fosse melhor falar em *componentes de subjetivação* trabalhando, cada um, mais ou menos por conta própria. Isso conduziria necessariamente a reexaminar a relação entre o indivíduo e a subjetividade e, antes de mais nada, a separar nitidamente esses conceitos. Esses vetores de subjetivação não passam necessariamente pelo indivíduo, o qual, na realidade, se encontra em posição de "terminal" com respeito aos processos que implicam grupos humanos, conjuntos socioeconômicos, máquinas informacionais etc. Assim, a interioridade se instaura no cruzamento de múltiplos componentes relativamente autônomos uns em relação aos outros e, se for o caso, francamente discordantes.

Sei que um argumento desse tipo ainda permanece difícil de ser entendido, sobretudo em contextos onde continua a reinar uma suspeita, e mesmo uma rejeição de princípio, com relação a toda referência específica à subjetividade. Em nome do primado das infraestruturas, das estruturas ou dos sistemas, a subjetividade não está bem cotada, e aqueles que dela se ocupam na prática ou na teoria em geral só a abordam usando luvas, tomando infinitas precauções, cuidando para nunca afastá-la demais dos paradigmas pseudocientíficos tomados de empréstimo, de preferência, às ciências duras: a termodinâmica, a topologia, a teoria da informação, a teoria dos sistemas, a linguística etc. Tudo se passa como se um superego cientista exigisse reificar as entidades psíquicas e impusesse que só fossem apreendidas através de coordenadas extrínsecas. Em tais condições, não é de espantar que as ciências humanas e as ciências sociais tenham se condenado por si mesmas a deixar escapar as dimensões intrinsecamente evolutivas, criativas e autoposicionantes dos processos de subjetivação. O que quer que seja, parece-me urgente desfazer-se de todas as referências e metáforas cientistas para forjar novos paradigmas que serão, de preferência, de inspiração ético-estéticas. Aliás, as melhores cartografias da psique ou, se quisermos, as melhores psicanálises não foram elas à maneira de Goethe, Proust, Joyce, Artaud e Becket, mais do que de Freud, Jung, Lacan? A parte literária na obra desses últimos constitui, de resto, o que de melhor subsiste (por exemplo, a *Traumdeutung* de Freud pode ser considerada um extraordinário romance moderno!).

Nosso questionamento acerca da psicanálise, a partir da criação estética e de implicações éticas, nem por isso pressupõe uma "reabilitação" da análise fenomenológica, a qual, em nossa perspectiva, encontra-se prejudicada por um "reducionismo" sistemático que a leva a encolher seus objetos ao ponto de se tornarem pura transparência intencional. Quanto a mim, hoje considero que a apreensão de um fato psíquico é inseparável do Agenciamento de enunciação que o faz tomar corpo, como fato e como processo expressivo. Uma espécie de relação de incerteza se estabelece entre a apreensão do objeto e a apreensão do sujeito, a qual, para articulá-los, impõe que não se possa prescindir de um desvio *pseudonarrativo*, por intermédio de mitos de referência, de rituais de toda natureza, de descrições com pretensão científica, que terão como finalidade circunscrever uma encenação *disposicional*, um dar a existir, autorizando em "segundo" lugar uma inteligibilidade discursiva. Aqui a questão não é a de uma retomada da distinção pascaliana entre "espírito de geometria" e "espírito de fineza".

Esses dois modos de apreensão – seja pelo conceito, seja pelo afeto e pelo percepto – são, com efeito, absolutamente complementares. Através desse desvio pseudonarrativo trata-se apenas de configurar uma repetição suporte de existência, através de ritmos e ritornelos* de uma infinita variedade. O discurso, ou qualquer cadeia discursiva, se faz assim portador de uma não discursividade que, tal

---

*   Na primeira obra de F. Guattari publicada no Brasil, a coletânea de textos que organizei, intitulada *Revolução Molecular: Pulsações políticas do desejo* (São Paulo: Brasiliense, 1ª ed. 1981; 2ª ed. 1985, 3ª ed. 1987), traduzi "ritournelle" por ladainha. Optei, aqui, por traduzi-lo literalmente (ritornelo) tendo em vista que o autor empresta esse termo à música para utilizá-lo, com sentido análogo, como um importante operador conceitual de sua concepção da formação da subjetividade. (N.T.)

como um rastro estroboscópico, anula os jogos de oposição distintiva tanto no nível do conteúdo quanto no da forma de expressão. Somente nessas condições podem ser gerados e regenerados os Universos de referência incorporais que pontuam de acontecimentos singulares o desenrolar da historicidade individual e coletiva.

Assim como em outras épocas o teatro grego, o amor cortês ou o romance de cavalaria se impuseram como modelos ou, antes, como módulos de subjetivação, hoje o freudismo continua a obcecar nossas maneiras de sustentar a existência da sexualidade, da infância, da neurose... Portanto não se visa, aqui, "ultrapassar" ou apagar para sempre da memória o fato freudiano, mas reorientar seus conceitos e suas práticas para fazer deles outro uso, para desenraizá-los de seus vínculos pré-estruturalistas com uma subjetividade totalmente ancorada no passado individual e coletivo. O que estará daqui em diante na ordem do dia é o resgate de campos de virtualidade "futuristas" e "construtivistas". O inconsciente permanece agarrado em fixações arcaicas apenas enquanto nenhum engajamento o faz projetar-se para o futuro. Essa tensão existencial se operará por intermédio de temporalidades humanas e não humanas. Entendo por estas últimas o delineamento ou, se quisermos, o desdobramento de devires animais, vegetais, cósmicos, assim como de devires maquínicos, correlativos da aceleração das revoluções tecnológicas e informáticas (é assim que vemos desenvolver-se a olhos vistos a expansão prodigiosa de uma subjetividade assistida por computador). A isso acrescentemos que convém não esquecer as dimensões institucionais e de classe social que presidem a formação e a "teleguiagem" dos indivíduos e grupos humanos.

Em suma, os engodos fantasmáticos e míticos da psicanálise devem ser desempenhados e desmascarados e não cultivados e cuidados como jardins à francesa! Infelizmente, os psicanalistas de hoje, mais ainda que os de ontem, se entrincheiram no que se pode chamar de uma "estruturalização" dos complexos inconscientes. Em sua teorização, isso conduz a um ressecamento e a um dogmatismo insuportável e, em sua prática, a um empobrecimento de suas intervenções, a estereótipos que os tornam impermeáveis à alteridade singular de seus pacientes.

Invocando paradigmas éticos, gostaria principalmente de sublinhar a responsabilidade e o necessário "engajamento" não somente dos operadores "psi", mas de todos aqueles que estão em posição de intervir nas instâncias psíquicas individuais e coletivas (através da educação, saúde, cultura, esporte, arte, mídia, moda etc.). É eticamente insustentável se abrigar, como tão frequentemente fazem tais operadores, atrás de uma neutralidade transferencial pretensamente fundada sobre um controle do inconsciente e um *corpus* científico. De fato, o conjunto dos campos "psi" se instaura no prolongamento e em interface aos campos estéticos.

Insistindo nos paradigmas estéticos, gostaria de sublinhar que, especialmente no registro das práticas "psi", tudo deveria ser sempre reinventado, retomado do zero, do contrário os processos se congelam numa mortífera repetição. A condição prévia a todo novo impulso da análise – por exemplo, a esquizoanálise – consiste em admitir que, em geral, e por pouco que nos apliquemos a trabalhá-los, os Agenciamentos subjetivos individuais e coletivos são potencialmente capazes de se desenvolver e proliferar longe de seus equilíbrios ordinários. Suas cartografias analíticas transbordam, pois, por essência, os Territórios existenciais aos quais são ligadas. Com tais cartografias deveria suceder como na pintura ou na literatura, domínios no seio dos quais cada desempenho concreto tem a vocação de evoluir, inovar, inaugurar aberturas prospectivas, sem que seus autores possam se fazer valer de fundamentos teóricos assegurados pela autoridade de um grupo, de uma escola, de um conservatório ou de uma academia... *Work in progress!* Fim dos catecismos psicanalíticos, comportamentalistas ou sistemistas. O povo "psi", para convergir nessa perspectiva com o mundo da arte, se vê intimado a se desfazer de seus aventais brancos, a começar por aqueles invisíveis que carrega na cabeça, em sua linguagem e em suas maneiras de ser (um pintor não tem por ideal repetir indefinidamente a mesma obra – com exceção da personagem de Titorelli, no *Processo* de Kafka, que pinta sempre e identicamente o mesmo juiz!). Da mesma maneira, cada instituição de atendimento médico, de assistência, de educação, cada tratamento individual deveria ter como preocupação permanente fazer evoluir sua prática tanto quanto suas bases teóricas.

Paradoxalmente, talvez seja do lado das ciências "duras" que convém esperar a reviravolta mais espetacular com respeito aos processos de subjetivação. Não é significativo, por exemplo, que em seu último livro Prigogine e Stengers invoquem a necessidade de introduzir na física um "elemento narrativo", indispensável, segundo eles, para teorizar a evolução em termos de irreversibilidade?[3] Sendo assim, tenho a convicção de que a questão da enunciação subjetiva se colocará mais e mais à medida que se desenvolverem as máquinas produtoras de signos, de imagens, de sintaxe, de inteligência artificial... Disso decorrerá uma recomposição das práticas sociais e individuais que agrupo segundo três rubricas complementares – a ecologia social, a ecologia mental e a ecologia ambiental – sob a égide ético-estética de uma ecosofia.

As relações da humanidade com o *socius*, com a psique e com a "natureza" tendem, com efeito, a se deteriorar cada vez mais, não só em razão de nocividades e poluições objetivas, mas também pela existência de fato de um desconhecimento e de uma passividade fatalista dos indivíduos e dos poderes com relação a essas questões consideradas em seu conjunto. Catastróficas ou não, as evoluções negativas são aceitas tais como são. O estruturalismo – e depois o pós-modernismo – acostumou-nos a uma visão de mundo que

---

3. *Entre le temps et l'éternité*. Paris, Fayard, 1988, pp. 41, 61, 67.

elimina a pertinência das intervenções humanas que se encarnam em políticas e micropolíticas concretas. Explicar esse perecimento das práxis sociais pela morte das ideologias e pelo retorno aos valores universais me parece pouco satisfatório. Na realidade, o que convém incriminar, principalmente, é a inadaptação das práxis sociais e psicológicas e também a cegueira quanto ao caráter falacioso da compartimentação de alguns domínios do real. Não é justo separar a ação sobre a psique daquela sobre o *socius* e o ambiente. A recusa a olhar de frente as degradações desses três domínios, tal como isso é alimentado pela mídia, confina num empreendimento de infantilização da opinião e de neutralização destrutiva da democracia. Para se desintoxicar do discurso sedativo que as televisões em particular destilam, conviria, daqui para a frente, apreender o mundo através dos três vasos comunicantes que constituem nossos três pontos de vista ecológicos.

Chernobyl e a Aids nos revelaram brutalmente os limites dos poderes técnico-científicos da humanidade e as "marchas a ré" que a "natureza" nos pode reservar. É evidente que uma responsabilidade e uma gestão mais coletiva se impõem para orientar as ciências e as técnicas em direção a finalidades mais humanas. Não podemos nos deixar guiar cegamente pelos tecnocratas dos aparelhos de Estado para controlar as evoluções e conjurar os riscos nesses domínios, regidos no essencial pelos princípios da economia de lucro. Certamente seria absurdo querer voltar atrás para tentar reconstituir as antigas maneiras de viver. Jamais o trabalho humano ou o *habitat* voltarão a ser o que eram há poucas décadas, depois das revoluções informáticas, robóticas, depois do desenvolvimento do gênio genético e depois da mundialização do conjunto dos mercados. A aceleração das velocidades de transporte e de comunicação, a interdependência dos centros urbanos, estudados por Paul Virilio, constituem igualmente um estado de fato irreversível que conviria antes de tudo reorientar. De uma certa maneira, temos que admitir que será preciso lidar com esse estado de fato. Mas esse lidar implica uma recomposição dos objetivos e dos métodos do conjunto do movimento social nas *condições de hoje*. Para simbolizar essa problemática, que me seja suficiente evocar a experiência de Alain Bombard na televisão quando apresentou duas bacias de vidro: uma contendo água poluída, como a que podemos recolher no porto de Marselha e na qual evoluía um polvo bem vivo, como que animado por movimentos de dança; a outra, contendo água do mar isenta de qualquer poluição. Quando ele mergulhou o polvo na água "normal", após alguns segundos, vimos o animal se encarquilhar, se abater e morrer.

Mais do que nunca a natureza não pode ser separada da cultura, e precisamos aprender a pensar "transversalmente" as interações entre ecossistemas, mecanosfera e Universos de referência sociais e individuais. Tanto quanto algas mutantes e monstruosas invadem as águas de Veneza, as telas de televisão estão saturadas de uma população de imagens e de enunciados "degenerados". Uma outra espécie de alga, desta vez relativa à ecologia social, consiste nessa liberdade de proliferação que é consentida a homens como Donald Trump que se apodera de bairros inteiros de Nova York, de Atlantic City etc., para "renová-los", aumentar os aluguéis e, ao mesmo tempo, rechaçar dezenas de milhares de famílias pobres, cuja maior parte é condenada a se tornar *homeless*,* o equivalente dos peixes mortos da ecologia ambiental. Seria preciso também falar da desterritorialização selvagem do Terceiro Mundo, que afeta concomitantemente a textura cultural das populações, o *habitat*, as defesas imunológicas, o clima etc. Outro desastre da ecologia social: o trabalho das crianças, que se tornou mais importante do que o foi no século XIX! Como retomar o controle de tal situação que nos faz constantemente resvalar em catástrofes de autodestruição? As organizações internacionais têm muito pouco controle desses fenômenos que exigem uma mudança fundamental das mentalidades. A solidariedade internacional é hoje assumida apenas por associações humanitárias, ao passo que houve um tempo em que ela concernia em primeiro lugar aos sindicatos e aos partidos de esquerda. O discurso marxista, por sua vez, se desvalorizou. (Não o texto de Marx, que, esse sim, conserva um grande valor.) Aos protagonistas da liberação social cabe a tarefa de

---

* *Homeless* significa literalmente "sem lar". O termo designa nos Estados Unidos um fenômeno urbano comum às metrópoles contemporâneas: pessoas que moram nas ruas. Tal população é em geral de dois tipos: por um lado, aqueles cuja pobreza os impossibilita de pagar aluguel e, por outro lado, os "loucos". Em Nova York, com o movimento de despsiquiatrização próprio dos anos 70 e 80, aumentou muito o número de "loucos" morando nas ruas. O termo *homeless*, hoje, designa um movimento organizado naquela cidade pela aquisição de moradia, semelhante ao "movimento por moradia" existente em São Paulo. (N.R.)

reforjar referências teóricas que iluminem uma via de saída possível para a história que atravessamos, a qual é mais aterradora do que nunca. Não somente as espécies desaparecem, mas também as palavras, as frases, os gestos de solidariedade humana. Tudo é feito no sentido de esmagar sob uma camada de silêncio as lutas de emancipação das mulheres e dos novos proletários que constituem os desempregados, os "marginalizados", os imigrados.

Se é tão importante que, no estabelecimento de seus pontos de referência cartográficos, as três ecologias se desprendam dos paradigmas pseudocientíficos, isso não se deve unicamente ao grau de complexidade das entidades consideradas, mas, mais fundamentalmente, ao fato de que no estabelecimento de tais pontos de referência está implicada uma *lógica diferente* daquela que rege a comunicação ordinária entre locutores e auditores e, simultaneamente, diferente da lógica que rege a inteligibilidade dos conjuntos discursivos e o encaixe indefinido dos campos de significação. Essa lógica das intensidades, que se aplicam aos Agenciamentos existenciais autorreferentes e que engajam durações irreversíveis, não concerne apenas aos sujeitos humanos constituídos em corpos totalizados, mas também a todos os objetos parciais, no sentido psicanalítico, os objetos transicionais, no sentido de Winnicott, os objetos institucionais (os "grupos-sujeito"), os rostos, as paisagens etc. Enquanto a lógica dos conjuntos discursivos se propõe limitar muito bem seus objetos, *a lógica das intensidades, ou a eco-lógica,*[*] leva em conta apenas o movimento, a intensidade dos processos evolutivos. O processo, que aqui oponho ao sistema ou à estrutura, visa à existência em vias de, ao

---

[*] O grifo é meu. (N.R.)

mesmo tempo, se constituir, se definir e se desterritorializar. Esses processos de "se pôr a ser" dizem respeito apenas a certos subconjuntos expressivos que romperam com seus encaixes totalizantes e se puseram a trabalhar por conta própria e a subjugar seus conjuntos referenciais para se manifestar a título de indícios existenciais, de linha de fuga processual...

Em cada foco existencial parcial as práxis ecológicas se esforçarão por detectar os vetores potenciais de subjetivação e de singularização. Em geral trata-se de algo que se coloca atravessado à ordem "normal" das coisas – uma repetição contrariante, um dado intensivo que apela outras intensidades a fim de compor outras configurações existenciais. Tais vetores dissidentes se encontram relativamente destituídos de suas funções de denotação e de significação, para operar enquanto materiais existenciais descorporificados. Mas cada uma dessas provas de suspensão do sentido representa um risco, o de uma desterritorialização por demais brutal que destrói o Agenciamento de subjetivação (exemplo: a implosão do movimento social na Itália, no início dos anos 80). Ao contrário, uma desterritorialização suave pode fazer evoluir os Agenciamentos de um modo processual construtivo. É aí que se encontra o coração de todas as práxis ecológicas: as rupturas assignificantes, os catalisadores existenciais estão ao alcance das mãos, mas, na ausência de um Agenciamento de enunciação que lhes dê um suporte expressivo, eles permanecem passivos e correm o risco de perder sua consistência (é mais por esse lado que convirá procurar as raízes da angústia, da culpabilidade e, de maneira geral, de todas as reiterações psicopatológicas). No caso dos Agenciamentos processuais, a ruptura expressiva assignificante convoca uma repetição criativa que forje objetos incorporais, Máquinas abstratas e Universos de valor impondo-se como se tivessem sempre estado aí, ainda que totalmente tributários do acontecimento existencial que lhes dá nascimento.

Por outro lado, tais segmentos catalíticos existenciais podem continuar sendo portadores de denotação e de significação. Donde a ambiguidade, por exemplo, de um texto poético que a um só tempo pode transmitir uma mensagem, denotar um referente, funcionando essencialmente sobre redundâncias de expressão e conteúdo. Proust analisou perfeitamente o funcionamento desses ritornelos existenciais como lugar catalítico de subjetivação (a "pequena frase" de Vinteuil, o movimento dos sinos de Martinville, o sabor da "madeleine" etc.). O que convém sublinhar aqui é que o trabalho de demarcação dos ritornelos existenciais não concerne apenas à literatura e às artes. Também encontramos essa eco-lógica operando na vida cotidiana, nos diversos patamares da vida social e, de forma mais geral, a cada vez que está em questão a constituição de um Território existencial. Acrescentemos que tais Territórios podem estar tão desterritorializados quanto se possa imaginar (podem se encarnar na Jerusalém celeste, numa problemática relativa ao bem e mal, num engajamento ético-político etc.). O único ponto comum que existe entre esses diversos traços existenciais é o de sustentar a produção de existentes singulares ou de ressingularizar conjuntos serializados.

Em todos os lugares e em todas as épocas, a arte e a religião foram o refúgio de cartografias existenciais fundadas na assunção de certas rupturas de sentido "existencializante". Mas a época contemporânea, exacerbando a produção de bens materiais e imateriais em detrimento da consistência de Territórios existenciais individuais e de grupo, engendrou um imenso vazio na subjetividade que tende a se tornar cada vez mais absurda e sem recursos. Não só não constatamos nenhuma relação de causa e efeito entre o crescimento dos recursos técnico-científicos e o desenvolvimento dos progressos sociais e culturais, como parece evidente que assistimos a uma degradação irreversível dos operadores tradicionais de regulação social. Ainda que diante de tal fenômeno seja artificial apostar numa volta atrás, numa recomposição das maneiras de ser de nossos antepassados, é exatamente o que tentam fazer à sua maneira as formações capitalistas mais "modernistas". Vemos, por exemplo, que certas estruturas hierárquicas, tendo perdido uma parte considerável de sua eficiência funcional (em razão, particularmente, dos novos meios de informação e de concertamento por computador), são o objeto de um sobreinvestimento imaginário, que confina, às vezes, como no Japão, numa devoção religiosa, e isso tanto nas camadas dirigentes quanto nos escalões inferiores. Na mesma ordem de ideias, assistimos a um reforço das atitudes segregativas com relação aos imigrados, às mulheres, aos jovens e até às pessoas idosas. Tal ressurgimento do que poderíamos chamar de um conservantismo subjetivo não é unicamente imputável ao reforço da repressão social; diz respeito igualmente a uma espécie de crispação existencial que envolve o conjunto de atores sociais. O capitalismo pós-industrial que, de minha parte, prefiro qualificar como CMI, tende, cada vez mais, a descentrar seus focos de poder das estruturas de produção de bens e de serviços para as estruturas produtoras de signos, de sintaxe e de subjetividade, por intermédio, especialmente, do controle que exerce sobre a mídia, a publicidade, as sondagens etc.

Há aí uma evolução que deveria nos levar a refletir sobre o que foram, nesse sentido, as formas anteriores do capitalismo, pois elas também não eram isentas dessa propensão a capitalizar poder subjetivo, tanto nas fileiras de suas elites quanto nas de seus proletários. Entretanto essa propensão ainda não manifestava plenamente sua verdadeira importância e por isso, na ocasião, ela não foi convenientemente apreciada pelos teóricos do movimento operário.

Proponho reagrupar em quatro principais regimes semióticos os instrumentos sobre os quais repousa o CMI:

a) as *semióticas econômicas* (instrumentos monetários, financeiros, contábeis, de decisão...);

b) as *semióticas jurídicas* (título de propriedade, legislação e regulamentações diversas...);

c) as *semióticas técnico-científicas* (planos, diagramas, programas, estudos, pesquisas...);

d) as *semióticas de subjetivação*, das quais algumas coincidem com as que acabam de ser enumeradas, mas conviria acrescentar muitas outras, tais como aquelas relativas à arquitetura, ao urbanismo, aos equipamentos coletivos etc.

Devemos admitir que os modelos que pretendiam fundar uma hierarquia causal entre esses regimes semióticos estão prestes a perder todo o contato com a realidade. Torna-se cada vez mais difícil, por exemplo, sustentar que as semióticas econômicas e aquelas que concorrem para a produção de bens materiais ocupam uma posição infraestrutural com relação às semióticas jurídicas e ideológicas, como postulava o marxismo. O objeto do CMI é, hoje, num só bloco: produtivo-econômico-subjetivo. E, para voltarmos a antigas categorizações escolásticas, poderíamos dizer que ele resulta ao mesmo tempo de causas materiais, formais, finais e eficientes.

Um dos problemas-chave de análise que a ecologia social e a ecologia mental deveriam encarar é a introjeção do poder repressivo por parte dos oprimidos. A maior dificuldade, aqui, reside no fato de que os sindicatos e os partidos, que lutam em princípio para defender os interesses dos trabalhadores e dos oprimidos, reproduzem em seu seio os mesmos modelos patogênicos que, em suas fileiras, entravam toda liberdade de expressão e de inovação. Talvez seja necessário ainda um bom tempo para que o movimento operário reconheça que as atividades de circulação, distribuição, comunicação, enquadramento... constituem vetores econômico-ecológicos que, do ponto de vista da criação da mais-valia, se situam rigorosamente no mesmo plano que o trabalho diretamente incorporado na produção de bens materiais. A esse respeito, um desconhecimento dogmático foi mantido por numerosos teóricos, reforçando um obreirismo e um corporatismo que desnaturalizaram e desfavoreceram profundamente os movimentos de emancipação anticapitalistas destas últimas décadas.

Esperemos que uma recomposição e um reenquadramento das finalidades das lutas emancipatórias tornem-se, o quanto antes, correlativas ao desenvolvimento dos três tipos de práxis ecológicas aqui evocados. E façamos votos para que, no contexto das novas distribuições das cartas da relação entre o capital e a atividade humana, as tomadas de consciência ecológicas, feministas, antirracistas etc. estejam mais prontas a ter em mira, a título de objetivo maior, os modos de produção da subjetividade – isto é, de conhecimento, cultura, sensibilidade e sociabilidade – que dizem respeito a sistemas de valor incorporal, os quais a partir daí estarão situados na raiz dos novos Agenciamentos produtivos.

A ecologia social deverá trabalhar na reconstrução das relações humanas em todos os níveis, do *socius*. Ela jamais deverá perder de vista que o poder capitalista se deslocou, se desterritorializou, ao mesmo tempo em extensão – ampliando seu domínio sobre o conjunto da vida social, econômica e cultural do planeta – e em "intenção" – infiltrando-se no seio dos mais inconscientes estratos subjetivos. Assim sendo, não é possível pretender se opor a ele apenas de fora, através de práticas sindicais e políticas tradicionais. Tornou-se igualmente imperativo encarar seus efeitos no domínio da ecologia mental, no seio da vida cotidiana individual, doméstica, conjugal, de vizinhança, de criação e de ética pessoal. Longe de buscar um consenso cretinizante e infantilizante, a questão será, no futuro, a de cultivar o *dissenso* e a produção singular de existência. A subjetividade capitalística, tal como é engendrada por operadores de qualquer natureza ou tamanho, está manufaturada de modo a premunir a existência contra toda intrusão de acontecimentos suscetíveis de atrapalhar e perturbar a opinião. Para esse tipo de subjetividade, toda singularidade deveria ou ser evitada, ou passar pelo crivo de aparelhos e quadros de referência especializados. Assim, a subjetividade capitalística se esforça por gerar o mundo da infância, do amor, da arte, bem como tudo o que é da ordem da angústia, da loucura, da dor, da morte, do sentimento de estar perdido no cosmos... É a partir dos dados existenciais mais pessoais – deveríamos dizer mesmo infrapessoais – que o CMI constitui seus agregados subjetivos maciços, agarrados à raça, à nação, ao corpo profissional, à competição esportiva, à virilidade dominadora, à *star* da mídia... Assegurando-se do poder sobre o máximo de ritornelos existenciais para controlá-los e neutralizá-los, a subjetividade capitalística se enebria, se anestesia a si mesma, num sentimento coletivo de pseudoeternidade.

É no conjunto dessas frentes emaranhadas e heterogêneas que, parece-me, deverão articular-se as novas práticas ecológicas, cujo objetivo será o de tornar processualmente ativas singularidades isoladas, recalcadas, girando em torno de si mesmas. (Exemplo: uma classe escolar, onde estivessem sendo aplicados os princípios da escola Freinet, que consistem em singularizar seu funcionamento global – sistema cooperativo, reuniões de avaliação, jornal, liberdade para os alunos organizarem seus trabalhos, individualmente ou em grupo etc.)

Nessa mesma perspectiva, dever-se-ão considerar os sintomas e incidentes fora das normas como índices de um trabalho potencial de subjetivação. Parece-me essencial que se organizem assim novas práticas micropolíticas e microssociais, novas solidariedades, uma nova suavidade juntamente com novas práticas estéticas e novas práticas analíticas das formações do inconsciente. Parece-me que essa é a única via possível para que as práticas sociais e políticas saiam dessa situação, quero dizer, para que elas trabalhem para a humanidade e não mais para um simples reequilíbrio permanente do Universo das semióticas capitalísticas. Poder-se-ia objetar que as lutas em grande escala não estão necessariamente em sincronia com as práxis ecológicas e as micropolíticas do desejo. Mas aí está toda a questão: os diversos níveis de prática não só não têm de ser homogeneizados, ajustados uns aos outros sob uma tutela transcendente, mas, ao contrário, convém engajá-los em processos de *heterogênese*. Nunca as feministas estarão suficientemente implicadas num devir-mulher, e não há razão alguma para pedir aos imigrados que renunciem aos traços culturais colados em seu sere ou a sua dependência nacionalitária. Convém deixar que se desenvolvam as culturas particulares inventando-se, ao mesmo tempo, outros contatos de cidadania. Convém fazer com que a singularidade, a exceção, a raridade funcionem junto com uma ordem estatal o menos pesada possível.

A eco-lógica não mais impõe "resolver" os contrários, como o queriam as dialéticas hegelianas e marxistas. Em particular no domínio da ecologia social haverá momentos de luta onde todos e todas serão conduzidos a fixar objetivos comuns e a se comportar "como soldadinhos" – quero dizer, como bons militantes; mas haverá, ao mesmo tempo, momentos de ressingularização onde as subjetividades individuais e coletivas "voltarão a ficar na delas" e onde prevalecerá a expressão criadora enquanto tal, sem mais nenhuma preocupação com relação às finalidades coletivas. Essa nova lógica ecosófica, volto a sublinhar, se aparenta à do artista que pode ser levado a remanejar sua obra a partir da intrusão de um detalhe acidental, de um acontecimento-incidente que repentinamente faz bifurcar seu projeto inicial, para fazê-lo derivar longe das perspectivas anteriores mais seguras. Um provérbio pretende que a "exceção confirme a regra", mas ela pode muito bem dobrá-la ou recriá-la.

Em minha opinião, *a ecologia ambiental, tal como existe hoje, não fez senão iniciar e prefigurar a ecologia generalizada que aqui preconizo e que terá por finalidade descentrar radicalmente as lutas sociais e as maneiras de assumir a própria psique.*[*] Os movimentos ecológicos atuais têm certamente muitos méritos, mas penso que, na verdade, a questão ecosófica global é importante demais para ser deixada a algumas de suas correntes arcaizantes e folclorizantes, que às vezes optam deliberadamente por recusar todo e qualquer engajamento político em grande escala. A conotação da ecologia deveria deixar de ser vinculada à imagem de uma pequena minoria de amantes da natureza ou de especialistas diplomados. Ela põe em causa o conjunto da subjetividade e das formações de poder capitalísticos – os quais não estão de modo algum seguros de que continuarão a vencê-la, como foi o caso na última década.

---

*   O grifo é meu. (N.R.)

Não apenas a crise permanente atual, financeira e econômica, pode desembocar em importantes transtornos do *status quo* social e do imaginário da mídia que lhe serve de base, como também certos temas veiculados pelo neoliberalismo, relativos por exemplo à flexibilidade de trabalho, às desregulagens etc., podem perfeitamente voltar-se contra ele.

Insisto, essa escolha não é mais apenas entre uma fixação cega às antigas tutelas estatal-burocráticas, um *welfare* generalizado ou um abandono desesperado ou cínico à ideologia dos *yuppies*. Tudo leva a crer que os ganhos de produtividade engendrados pelas revoluções tecnológicas atuais se inscreverão numa curva de crescimento logarítmico. A questão é, a partir daí, a de saber se novos operadores ecológicos e novos Agenciamentos ecosóficos de enunciação chegarão ou não a orientá-los por vias menos absurdas e sem saída do que as do CMI.

O princípio comum às três ecologias consiste, pois, em que os Territórios existenciais com os quais elas nos põem em confronto não se dão como um em-si, fechado sobre si mesmo, mas como um para-si precário, finito, finitizado, singular, singularizado, capaz de bifurcar em reiterações estratificadas e mortíferas ou em abertura processual a partir de práxis que permitam torná-lo "habitável" por um projeto humano. É essa abertura práxica que constitui a essência desta arte da "eco" subsumindo todas as maneiras de domesticar⁴ os Territórios existenciais, sejam eles concernentes às maneiras íntimas de ser, ao corpo, ao meio ambiente ou aos grandes conjuntos contextuais relativos à etnia, à nação ou mesmo aos direitos gerais da humanidade. Assim sendo, esclareçamos que não se trata para nós de erigir regras universais a título de guia de tais práxis, mas, ao contrário, de liberar as antinomias de princípio entre os três níveis ecosóficos ou, se preferirmos, entre as três visões ecológicas, as três lentes discriminantes aqui em questão.

O princípio específico da ecologia mental reside no fato de que sua abordagem dos Territórios existenciais depende de uma lógica pré-objetal e pré-pessoal evocando o que Freud descreveu como um "processo primário". Lógica que poderíamos dizer do "terceiro incluso", onde o branco e o negro são indistintos, onde o belo coexiste com o feio, o dentro com o fora, o "bom objeto" com o mau... No caso particular da ecologia do fantasma, o que se requer, a cada tentativa de levantamento cartográfico, é a elaboração de um suporte expressivo singular ou, mais exatamente, singularizado. Gregory Bateson deixou bem claro que o que ele chama de "ecologia das idéias" não pode ser circunscrito ao domínio da psicologia dos indivíduos, mas se organiza em sistemas ou em "espírito" (*minds*) cujas fronteiras não mais coincidem com os indivíduos que deles participam.⁵ Mas onde deixamos de segui-lo é quando ele faz da ação e da enunciação simples partes do subsiste-

---

4. A raiz *eco* é aqui entendida em sua acepção original grega: *oïkos*, que significa casa, bem doméstico, *habitat*, meio natural.
5. *Vers l'écologie de l'esprit, op. cit.,* tomo II, pp. 93-94.

ma ecológico chamado contexto. De minha parte, considero que a "tomada de contexto" existencial depende sempre de uma práxis instaurando-se em ruptura com o "pretexto" sistêmico. Não existe hierarquia de conjunto que aloje e localize num dado nível os componentes de enunciação. Estes são compostos de elementos heterogêneos, tomando consistência e persistência comum por ocasião de passagens de limiares constitutivos de um mundo em detrimento de um outro. Os operadores dessa cristalização são fragmentos de cadeias discursivas assignificantes que Schlegel comparava a obras de arte ("Semelhante a uma pequena obra de arte, um fragmento deve ser totalmente destacado do mundo ambiente e fechado sobre si mesmo como um ouriço").[6]

A questão da ecologia mental pode surgir a todo momento, em todos os lugares, para além dos conjuntos bem constituídos na ordem individual ou coletiva. Para apreender esses fragmentos catalisadores de bifurcações existenciais, Freud inventou os rituais da sessão, da associação livre, da interpretação, em função de mitos de referência psicanalíticos. Hoje certas correntes pós-sistêmicas da terapia familiar dedicam-se a forjar outras cenas e outras referências. Tudo isso é ótimo! Mas, ainda assim, trata-se de bases conceituais incapazes de dar conta das produções de subjetividade "primária", tais como se desenvolvem em escala verdadeiramente industrial, em particular a partir da mídia e dos equipamentos coletivos. O conjunto dos *corpus* teóricos desse tipo apresenta o

---

6. Citado por Philippe Lacoue-Labarthe e Jean-Luc Nancy, em *L'Absolu littéraire*, 1978, p. 126.

inconveniente de ser fechado a uma eventual proliferação criativa. Mito ou teoria, a pretensão científica, a pertinência dos modelos relativos à ecologia mental deveria ser julgada em função de: 1) sua capacidade de circunscrever as cadeias discursivas em ruptura de sentido; 2) sua possibilidade de operar conceitos autorizando uma autoconstrutibilidade teórica e prática. O freudismo responde bem ou mal à primeira exigência, mas não à segunda; inversamente, o pós-sistemismo teria antes tendência a responder à segunda, ao mesmo tempo em que subestimaria a primeira; já no campo político-social, os meios "alternativos" geralmente desconhecem o conjunto das problemáticas relativas à ecologia mental.

De nossa parte, preconizamos repensar por outra via as diversas tentativas de modelização "psi", do mesmo modo que as práticas das seitas religiosas ou os "romances familiares" neuróticos e os delírios psicóticos. Tratar-se-á de dar conta dessas práticas menos em termos de verdade científica que em função de sua eficácia estético-existencial. Que foi posto em funcionamento aqui? Quais cenas existenciais se encontram, bem ou mal, instaladas? O objetivo crucial é a apreensão dos pontos de ruptura assignificantes – em ruptura de denotação, de conotação e de significação – a partir dos quais algumas cadeias semióticas trabalharão a serviço de um efeito de autorreferência existencial. O sintoma repetitivo, a oração, o ritual da "sessão", a palavra de ordem, o emblema, o ritornelo, a cristalização rostificadora da *star*... entabulam a produção de uma subjetividade parcial; pode-se dizer que são a base de uma *protossubjetividade*. Os freudianos já haviam detectado a existência de vetores de subjetivação escapando ao domínio do ego: subjetividade parcial, complexual, enlaçando-se em torno de objetos em ruptura de sentido tais como o seio materno, as fezes, o sexo... Mas esses objetos, geradores de subjetividade "dissidente", eles os conceberam como permanecendo essencialmente adjacentes às pulsões instintuais e num imaginário corporeizado. Outros objetos institucionais, arquiteturais, econômicos, cósmicos, se constituem tão legitimamente quanto como suporte dessa mesma função de produção existencial.

Repito, o essencial aqui é o corte-bifurcação, impossível de ser representado enquanto tal, que, no entanto, vai secretar toda uma fantasmática das origens (cena primitiva freudiana, olhar "armado" do sistemista da terapia familiar, cerimonial de iniciação, de conjuração etc.). A pura autorreferência criativa é insustentável pela apreensão da existência ordinária. Sua representação pode apenas mascarar a existência ordinária, travesti-la, desfigurá-la, fazê-la transitar por mitos e relatos de referência – aquilo que chamo de uma metamodelização. Corolário: não poderíamos ter acesso a tais focos de subjetivação criativa em estado nascente senão pelo desvio de uma economia fantasmática se desenvolvendo sob forma desviada. Assim, ninguém está dispensado de jogar o jogo da ecologia do imaginário!

Seja na vida individual, seja na vida coletiva, o impacto de uma ecologia mental não pressupõe uma importação de conceitos e de práticas a partir de um domínio "psi" especializado. Fazer face à lógica da ambivalência desejante, onde quer que ela se perfile – na cultura, na vida cotidiana, no trabalho, no esporte etc. –, reapreciar a finalidade do trabalho e das atividades humanas em função de critérios diferentes daqueles do rendimento e do lucro: tais imperativos da ecologia mental convocam uma mobilização apropriada do conjunto dos indivíduos e dos segmentos sociais. Que lugar dar, por exemplo, aos fantasmas de agressão, de assassinato, de violação, de racismo no mundo da infância e da vida adulta regressiva? Ao invés de acionar incansavelmente procedimentos de censura e de contenção, em nome de grandes princípios morais, melhor conviria promover uma verdadeira ecologia do fantasma, que tivesse como objeto transferências, translações, reconversões de suas matérias de expressão.[7] É obviamente legítimo que uma repressão se exerça com relação às "passagens ao ato"! Mas antes disso é necessário que se arranjem modos de expressão adequados às fantasmagorias negativistas e destrutivas, de modo que elas possam, como no tratamento da psicose, ab-reagir de maneira a recolar Territórios existenciais que estão à deriva. Tal "transversalização" da violência implica que não se pressuponha a existência incontornável de uma pulsão de morte intrapsíquica, constantemente à espreita, pronta a tudo devastar a sua passagem no momento em que os Territórios do Ego perdem sua consistência e sua vigilância. A violência e a negatividade resultam sempre de Agenciamentos subjetivos complexos: elas não estão intrinsecamente inscritas na essência da espécie humana, são construídas e susten-

---

7. Um exemplo brilhante desse tipo de reconversão humorística das pulsões sádicas se encontra no filme de Roland Topor, intitulado *Le Marquis*.

tadas por múltiplos Agenciamentos de enunciação. Sade e Céline esforçaram-se, com maior ou menor felicidade, por tornar quase barrocos seus fantasmas negativos. Por essa razão, eles deveriam ser considerados como autores-chave de uma ecologia mental. Na falta de uma tolerância e de uma inventividade permanente para "imaginarizar" os diversos avatares da violência, a sociedade corre o risco de fazê-los cristalizar-se no real.

Vê-se isso hoje, por exemplo, na exploração comercial intensiva das histórias em quadrinhos escatológicas destinadas à infância.[8] Vê-se isso, no entanto, de modo muito mais inquietante na forma de um caolho ao mesmo tempo repugnante e fascinante que, melhor que ninguém, sabe impor o implícito racista e nazi de seu discurso no cenário da mídia, assim como no seio das relações de forças políticas.[*] É preferível não tapar os olhos: a potência desse tipo de personagem vem do fato de que ele consegue se fazer de intérprete de montagens pulsionais que assombram, de fato, o *conjunto do socius*.

Não sou tão ingênuo e utopista para pretender que existiria uma metodologia analítica segura que erradicasse em profundidade todos os fantasmas que conduzem a reificar a mulher, o imigrado, o louco etc., e eliminasse as instituições penitenciárias, psiquiátricas etc. Mas parece-me que uma generalização das experiências de análise institucional (no hospital, na escola, no meio urbano...) poderia

---

8. Cf. a pesquisa de *Libération* do dia 17 de março de 1989, intitulada "SOS Crados".

* O autor refere-se, provavelmente, a Jean Marie Le Pen, hoje deputado europeu e líder do Front National, partido de extrema direita na França. Esse partido obteve 10% dos votos nas eleições parciais de novembro de 1989 (ano da escrita deste texto). (N.R.)

modificar profundamente os dados desse problema. Uma imensa reconstrução das engrenagens sociais é necessária para fazer face aos destroços do CMI. Só que essa reconstrução passa menos por reformas de cúpula, leis, decretos, programas burocráticos do que pela promoção de práticas inovadoras, pela disseminação de experiências alternativas, centradas no respeito à singularidade e no trabalho permanente de produção de subjetividade, que vai adquirindo autonomia e ao mesmo tempo se articulando ao resto da sociedade. Dar lugar para as brutais desterritorializações da psique e do *socius*, em que consistem os fantasmas de violência, pode conduzir não a uma sublimação miraculosa, mas a reconversões de Agenciamentos que transbordam por todos os lados o corpo, o ego, o indivíduo. O superego punitivo e a culpabilização mortífera não podem ser atingidos pelos meios ordinários da educação e do "viver bem". Fora o Islão, as grandes religiões têm cada vez menos acesso à psique, ao mesmo tempo em que vemos florescer, aqui e ali por todo o mundo, uma espécie de retorno ao totemismo e ao animismo. As comunidades humanas imersas na tormenta tendem a se curvar sobre si mesmas, deixando nas mãos dos políticos profissionais o cuidado de reger a organização social, enquanto os sindicatos são ultrapassados pelas mutações de uma sociedade que, por toda parte, encontra-se em crise latente ou manifesta.[9]

---

9. Um sintoma desse estado consiste na proliferação de "coordenações" espontâneas por ocasião dos grandes movimentos sociais. Destaquemos o fato de que elas às vezes se utilizam de transmissões telemáticas de mensagens, de maneira a desenvolver a expressão da "base" (por exemplo, o Minitel 3615 código ALTER).

O princípio particular à ecologia social diz respeito à promoção de um investimento afetivo e pragmático em grupos humanos de diversos tamanhos. Esse "Eros de grupo" não se apresenta como uma quantidade abstrata, mas corresponde a uma reconversão qualitativamente específica da subjetividade primária, da alçada da ecologia mental. Duas opções se apresentam aqui, seja a triangulação personológica da subjetividade, segundo o modo Eu-Tu-Ele, pai-mãe-filho..., seja a constituição de *grupos-sujeito* autorreferentes se abrindo amplamente ao *socius* e ao cosmos. No primeiro caso, o eu e o outro são construídos a partir de um jogo de identificações e de imitações padrão que levam a grupos primários voltados para o pai, o chefe, a *star* de mídia. É, com efeito, no sentido dessa psicologia de massas maleáveis que trabalha a grande mídia. No segundo caso, no lugar de sistemas identificatórios, passam a operar traços de eficiência diagramáticos. Escapa-se aqui, ao menos parcialmente, das semiologias da modelização icônica em proveito de semióticas processuais, as quais tomaria o cuidado de não chamar de simbólicas para não recair nos inveterados hábitos estruturalistas. O que caracteriza um traço diagramático, com relação a um ícone, é seu grau de desterritorialização, sua capacidade de sair de si mesmo para constituir cadeias discursivas conectadas com o referente. Por exemplo, podemos distinguir a imitação identificatória de um aluno pianista com relação a seu mestre de uma transferência de estilo, suscetível de bifurcar numa via singular. De modo geral, distinguiremos os agregados imaginários de massa dos Agenciamentos coletivos de enunciação implicando tanto traços pré-pessoais quanto sistemas sociais ou componentes maquínicos. (Oporemos aqui os maquinismos vivos "autopoiéticos"[10] aos mecanismos de repetição vazia.)

Ainda assim, as oposições entre essas duas modalidades não são tão nítidas: uma multidão pode estar habitada por grupos desempenhando a função de líder de opinião, e grupos-sujeito podem recair no estado amorfo e alienante. As sociedades capitalísticas – expressão sob a qual agrupo, ao lado das potências do Oeste e do Japão, os países ditos do socialismo real e as Novas Potências Industriais do Terceiro Mundo – fabricam hoje em dia, para colocá-las a seu serviço, três tipos de subjetividade: uma subjetividade serial correspondendo às classes salariais, uma outra à imensa massa dos "não garantidos" e, enfim, uma subjetividade elitista correspondendo às camadas dirigentes. A acelerada midiatização do conjunto das sociedades tende assim a criar um hiato cada vez mais pronunciado entre essas diversas categorias de população. Do lado das elites, são colocados suficientemente à disposição bens materiais, meios de cultura, uma prática mínima da leitura e da escrita e um sentimento de competência e de legitimidade decisionais. Do lado das classes sujeitadas, encontramos, bastante frequentemente, um abandono à ordem das coisas, uma perda de esperança de dar um sentido à vida. Um ponto programático primordial da ecologia social seria o de fazer transitar essas sociedades capitalísticas da era da mídia em direção a uma *era pós-mídia*, assim entendida como uma reapropriação da mídia por uma multidão de grupos-sujeito, capazes de

---

10. No sentido de Francisco Varella, *Autonomie et connaissance*. Paris, Seuil, 1989.

geri-la numa via de ressingularização. Tal perspectiva pode hoje parecer fora de alcance, mas a situação atual de uma maximização de alienação pela mídia não depende de nenhuma necessidade intrínseca. Nesse campo, a visão fatalista das coisas me parece corresponder ao desconhecimento de vários fatores:

a) as bruscas tomadas de consciência das massas, que continuam sempre possíveis;

b) o desabamento progressivo do stalinismo e de seus avatares, o que dá lugar a outros Agenciamentos de transformação das lutas sociais;

c) a evolução tecnológica da mídia, em particular sua miniaturização, a diminuição de seu custo, sua possível utilização para fins não capitalísticos;

d) a recomposição dos processos de trabalho sobre os escombros dos sistemas de produção industriais do início do século, o que reclama uma crescente produção de subjetividade "criacionista" tanto no plano individual quanto no plano coletivo. (Através da formação permanente, o incremento de mão de obra, as transferências de competência etc.)

É às primeiras formas de sociedade industrial que coube laminar e serializar a subjetividade das classes trabalhadoras. Hoje, a especialização internacional do trabalho exportou para o Terceiro

Mundo os métodos de trabalho em série. Na era das revoluções informáticas, do surgimento das biotecnologias, da criação acelerada, de novos materiais e de uma "maquinização" cada vez mais fina do tempo,[11] novas modalidades de subjetivação estão prestes a surgir. Um apelo maior se fará à inteligência e à iniciativa e, em contrapartida, ter-se-á um cuidado maior com a codificação e o controle da vida doméstica do casal conjugal e da família nuclear. Em resumo, reterritorializando a família em grande escala (pela mídia, pelos serviços de assistência, pelos salários indiretos...), tentar-se-á aburguesar ao máximo a subjetividade operária.

As operações de reivindicação e de "familiarização" não têm o mesmo efeito quando se dirigem a um terreno de subjetividade coletiva devastada pela era industrial do século XIX e da primeira metade do século XX, ou quando se dirigem a terrenos onde foram mantidos certos traços arcaicos herdados da era pré-capitalista. Nesse sentido, o exemplo do Japão e da Itália parece significativo, já que são países que conseguiram enxertar indústrias de ponta numa subjetividade coletiva que guarda vínculos com um passado às vezes muito recuado (remontando ao shinto-budismo no Japão e às épocas patriarcais na Itália). Nesses dois países, a reconversão pós-industrial se efetuou por transições relativamente menos brutais que na França, onde regiões inteiras saíram por um longo período da vida econômica ativa.

---

11. Sobre esses quatro temas, em plena mutação, ver o relatório de Thierry Gaudin, "Rapport sur l'état de la technique", CPE, *Science et Techniques* (número especial).

Em alguns países do Terceiro Mundo, assistimos igualmente à superposição de uma subjetividade medieval (relação de submissão ao clã, alienação total das mulheres e das crianças etc.) e de uma subjetividade pós-industrial. Podemos, aliás, nos perguntar se esse tipo de Novas Potências Industriais, no momento localizado principalmente ao longo do mar da China, não vai igualmente eclodir às margens do Mediterrâneo e da África Atlântica. Se assim fosse, veríamos toda uma série de regiões da Europa submetida a rudes tensões, pelo fato de um questionamento radical de suas fontes de renda e de seu estatuto de pertinência às grandes potências brancas.

Nesses vários domínios, as problemáticas ecológicas se entremeiam. Deixada a si mesma, a eclosão dos neoarcaísmos sociais e mentais pode conduzir tanto ao melhor quanto ao pior! Trata-se aí de uma questão assustadora: o fascismo dos aiatolás, não o esqueçamos, só pode se instaurar baseado numa profunda revolução popular no Irã. As recentes revoltas de jovens, na Argélia, promoveram uma dupla simbiose entre as maneiras de viver no Ocidente e as diversas versões de integrismo. A ecologia social espontânea trabalha na constituição de Territórios existenciais que, bem ou mal, suprem os antigos esquadrinhamentos rituais e religiosos do *socius*. Parece óbvio que, nesse domínio, enquanto práxis coletivas politicamente coerentes não vierem assumi-lo, acabarão sempre vencendo os empreendimentos nacionalistas reacionários, opressivos para as mulheres, as crianças, os marginais, e hostis a toda inovação. Não se trata aqui de propor um modelo de sociedade pronto para usar, mas tão somente de assumir o conjunto de componentes ecosóficos cujo objetivo será, em particular, a instauração de novos sistemas de valorização.

Já sublinhei que é cada vez menos legítimo que as retribuições financeiras e de prestígio das atividades humanas socialmente reconhecidas sejam reguladas apenas por um mercado fundado no lucro. Outros sistemas de valor deveriam ser levados em conta (a "rentabilidade" social, estética, os valores de desejo etc.). Somente o Estado, até o momento, está em posição de arbitrar em campos de valor não decorrente do lucro capitalista (exemplo: a apreciação do campo do patrimônio). Parece necessário insistir sobre o fato de que novos substitutos sociais, tais como fundações reconhecidas como sendo de utilidade social, deveriam poder flexibilizar e ampliar o financiamento do Terceiro Setor – nem privado, nem público – que será constantemente levado a crescer à medida que o trabalho humano der lugar ao trabalho maquínico. Para além de uma renda mínima garantida para todos – reconhecida como *direito* e não a título de contrato dito de reinserção –, a questão se perfila de serem colocados à disposição meios de levar avante empreendimentos individuais e coletivos, indo no sentido de uma ecologia da ressingularização. A procura de um Território ou de uma pátria existencial não passa necessariamente pela de uma terra natal ou de uma filiação de origem longínqua. Os movimentos nacionalitários (de tipo basco, Irlanda) muito frequentemente se dobram sobre si mesmos, por causa de antagonismos exteriores, deixando de lado as outras revoluções moleculares relativas à liberação da mulher, à ecologia ambiental etc. Toda espécie de "nacionalidades" desterritorializadas são concebíveis, tais como a música, a poesia... O que condena o sistema de valorização capitalístico é seu caráter de equivalente geral, que aplaina todos os outros modos de valorização, os quais ficam assim alienados à sua hegemonia. A isso conviria senão opor ao menos superpor instrumentos de valorização fundados nas produções existenciais que não podem ser determinadas em função unicamente de um tempo de trabalho abstrato nem de um lucro capitalista esperado. Novas "bolsas" de valores, novas deliberações coletivas dando chance aos empreendimentos os mais individuais, os mais singulares, os mais dissensuais, são convocados a emergir – apoiando-se, particularmente, em meios de concertamento telemáticos e informáticos. A noção de interesse coletivo deveria ser ampliada a empreendimentos que a curto prazo não trazem "proveito" a ninguém, mas a longo prazo são portadores de enriquecimento processual para o conjunto da humanidade. É o conjunto do futuro da pesquisa fundamental e da arte que está aqui em causa.

 Essa promoção de valores existenciais e de valores de desejo não se apresentará, sublinho, como uma alternativa global, constituída de uma vez por todas. Ela resultará de um deslocamento generalizado dos atuais sistemas de valor e da aparição de novos polos de valorização. A esse respeito é significativo que, nos últimos períodos, as mais espetaculares mudanças sociais se deram pelo fato desse tipo de deslizamento a longo prazo, seja no plano político, por exemplo nas Filipinas ou no Chile, seja no plano nacionalitário, na URSS, onde mil revoluções dos sistemas de valor se infiltram progressivamente. Cabe aos novos componentes ecológicos polarizá-los e afirmar seus respectivos pesos nas relações de forças políticas e sociais.

O princípio particular à ecologia ambiental é o de que tudo é possível, tanto as piores catástrofes quanto as evoluções flexíveis.[12] Cada vez mais, os equilíbrios naturais dependerão das intervenções humanas. Um tempo virá em que será necessário empreender imensos programas para regular as relações entre o oxigênio, o ozônio e o gás carbônico na atmosfera terrestre. Poderíamos perfeitamente requalificar a ecologia ambiental de *ecologia maquínica* já que, tanto do lado do cosmos quanto das práxis humanas, a questão é sempre a de máquinas – e eu ousaria até dizer de máquinas de guerra. Desde sempre a "natureza" esteve em guerra contra a vida! Mas a aceleração dos "progressos" técnico-científicos conjugada ao enorme crescimento demográfico faz com que se deva empreender, sem tardar, uma espécie de corrida para dominar a mecanosfera.

No futuro a questão não será apenas a da defesa da natureza, mas a de uma ofensiva para reparar o pulmão amazônico, para fazer reflorescer o Saara. A criação de novas espécies vivas, vegetais

---

12. Gregory Bateson falava de um "orçamento de flexibilidade", comparando o sistema ecológico a um acrobata numa corda (*Vers l'écologie de l'esprit, op. cit.*, p. 256).

e animais, está inelutavelmente em nosso horizonte e torna urgente não apenas a adoção de uma ética ecosófica adaptada a essa situação, ao mesmo tempo terrificante e fascinante, mas também de uma política focalizada no destino da humanidade.

O relato da gênese bíblica está sendo substituído pelos novos relatos da recriação permanente do mundo. Aqui, nada melhor do que citar Walter Benjamin condenando o reducionismo correlativo do primado da informação: "Quando a informação se substitui à antiga relação, quando ela própria cede lugar à sensação, esse duplo processo reflete uma crescente degradação da experiência. Todas essas formas, cada uma à sua maneira, se destacam do relato, que é uma das mais antigas formas de comunicação. À diferença da informação, o relato não se preocupa em transmitir o puro em si do acontecimento, ele o incorpora na própria vida daquele que conta, para comunicá-lo como sua própria experiência àquele que escuta. Dessa maneira o narrador nele deixa seu traço, como a mão do artesão no vaso de argila".[13]

Fazer emergir outros mundos diferentes daquele da pura informação abstrata; engendrar Universos de referência e Territórios existenciais, onde a singularidade e a finitude sejam levadas em conta pela lógica multivalente das ecologias mentais e pelo princípio de Eros de grupo da ecologia social e afrontar o face a face

---

13. Walter Benjamin, *Essais 2,* trad. Maurice de Gandillac. Paris, Denoël, Gonthier, 1983, p. 148.

vertiginoso com o Cosmos para submetê-lo a uma vida possível – tais são as vias embaralhadas da tripla visão ecológica.

Uma ecosofia de um tipo novo, ao mesmo tempo prática e especulativa, ético-política e estética, deve a meu ver substituir as antigas formas de engajamento religioso, político, associativo... Ela não será nem uma disciplina de recolhimento na interioridade, nem uma simples renovação das antigas formas de "militantismo". Tratar-se-á antes de movimento de múltiplas faces dando lugar a instâncias e dispositivos ao mesmo tempo analíticos e produtores de subjetividade. Subjetividade tanto individual quanto coletiva, transbordando por todos os lados as circunscrições individuais, "egoizadas", enclausuradas em identificações e abrindo-se em todas as direções: do lado do *socius*, mas também dos Phylum maquínicos, dos Universos de referência técnico-científicos, dos mundos estéticos, e ainda do lado de novas apreensões "pré-pessoais" do tempo, do corpo, do sexo... Subjetividade da ressingularização capaz de receber cara a cara o encontro com a finitude sob a forma do desejo, da dor, da morte... Todo um rumor me diz que nada disso se dá por si mesmo! Por todos os lados impõem-se espécies de invólucros neurolépticos para evitar precisamente qualquer singularidade intrusiva. É preciso, mais uma vez, invocar a História! No mínimo pelo fato de que corremos o risco de não mais haver história humana se a humanidade não reassumir a si mesma radicalmente. Por todos os meios possíveis, trata-se de conjurar o crescimento entrópico da subjetividade dominante. Em vez de ficar perpetuamente ao sabor da eficácia falaciosa de *challenges* econômicos, trata-se de se reapropriar de Universos de valor no seio dos quais processos de singularização poderão reencontrar consistência. Novas práticas sociais, novas práticas estéticas, novas práticas de si na relação com o outro, com o estrangeiro, com o estranho: todo um programa que parecerá bem distante das urgências do momento! E, no entanto, é exatamente na articulação: da subjetividade em estado nascente, do *socius* em estado mutante, do meio ambiente no ponto em que pode ser reinventado, que estará em jogo a saída das crises maiores de nossa época.

Concluindo, as três ecologias deveriam ser concebidas como sendo da alçada de uma disciplina comum ético-estética e, ao mesmo tempo, como distintas uma das outras do ponto de vista das práticas que as caracterizam. Seus registros são da alçada do que chamei *heterogênese*, isto é, processo contínuo de ressingularização. Os indivíduos devem se tornar a um só tempo solidários e cada vez mais diferentes. (O mesmo se passa com a ressingularização das escolas, das prefeituras, do urbanismo etc.)

A subjetividade, através de chaves transversais, se instaura ao mesmo tempo no mundo do meio ambiente, dos grandes Agenciamentos sociais e institucionais e, simetricamente, no seio das paisagens e dos fantasmas que habitam as mais íntimas esferas do indivíduo. A reconquista de um grau de autonomia criativa num campo particular invoca outras reconquistas em outros campos. Assim, toda uma catálise da retomada de confiança da humanidade em si mesma está para ser forjada passo a passo e, às vezes, a partir dos meios os mais minúsculos. Tais como esse ensaio que quereria, por pouco que fosse, tolher a falta de graça e a passividade ambiente.[14]

---

14. Na perspectiva de uma "ecologia global", Jacques Robin, num relatório intitulado "Penser à la fois l'écologie, la société et l'Europe", aborda com uma rara competência e numa via paralela à nossa as relações entre a ecologia científica, a ecologia econômica e a emergência de suas implicações éticas ("Grupo Ecologia" de "Europa 93", rua Dussoubs, 22, 75002, Paris, ano 1989).